Mina Kumari
Pardeep Kumar

Libertar o poder das transformadas de Laplace: Propriedades e Aplicações

Mina Kumari
Pardeep Kumar

Libertar o poder das transformadas de Laplace: Propriedades e Aplicações

ScienciaScripts

Imprint

Any brand names and product names mentioned in this book are subject to trademark, brand or patent protection and are trademarks or registered trademarks of their respective holders. The use of brand names, product names, common names, trade names, product descriptions etc. even without a particular marking in this work is in no way to be construed to mean that such names may be regarded as unrestricted in respect of trademark and brand protection legislation and could thus be used by anyone.

Cover image: www.ingimage.com

This book is a translation from the original published under ISBN 978-620-7-46760-0.

Publisher:
Sciencia Scripts
is a trademark of
Dodo Books Indian Ocean Ltd. and OmniScriptum S.R.L publishing group

120 High Road, East Finchley, London, N2 9ED, United Kingdom
Str. Armeneasca 28/1, office 1, Chisinau MD-2012, Republic of Moldova, Europe
Printed at: see last page
ISBN: 978-620-7-93339-6

Conteúdo

A transformada de Laplace surge como uma potente ferramenta matemática que transcende diversos domínios da engenharia e da ciência. À medida que os problemas de engenharia se tornam cada vez mais complexos, esta transformada oferece uma abordagem simplificada para enfrentar estes desafios. Ao converter equações diferenciais complexas em problemas facilmente solucionáveis no domínio de Laplace, este livro permite-lhe desvendar as suas soluções com uma facilidade notável. Subsequentemente, a transformada inversa de Laplace orienta-o sem problemas de volta para as soluções no domínio original.

Este guia completo apresenta a transformada de Laplace em duas partes distintas:

* Parte I: Fundamentos e Fundamentos: Esta secção estabelece as bases, definindo meticulosamente a transformada de Laplace e a sua inversa, juntamente com a exploração das suas características para funções fundamentais. O utilizador obterá uma compreensão firme das propriedades e teoremas da transformada, equipando-o para os aplicar com confiança em aplicações subsequentes.

* Parte II: Aplicações diversas: Aprofunde-se nas aplicações práticas da transformada de Laplace em várias disciplinas. Testemunhe o seu profundo impacto na resolução de equações diferenciais, na análise de circuitos eléctricos, na investigação de sistemas de controlo e na resolução de problemas de valor limite com uma eficiência notável.

Quer seja um estudante de engenharia, um cientista praticante ou um aspirante a investigador, este livro serve como um companheiro inestimável na sua jornada para aproveitar o poder da transformada de Laplace. Abrace a jornada de simplificar o complexo e desbloquear o potencial transformador ao seu alcance.

Capítulo 1

INTRODUÇÃO

A transformada de Laplace, um método de transformada integral, tem uma importância significativa na resolução de equações diferenciais ordinárias lineares e encontra aplicações extensivas em vários domínios, como a física, a ótica, a engenharia eléctrica, a engenharia de controlo, a matemática, o processamento de sinais e a teoria das probabilidades. Como conceito fundamental na análise funcional, a transformada de Laplace revela-se uma técnica poderosa para analisar sistemas lineares invariantes no tempo, como circuitos eléctricos, osciladores harmónicos, sistemas mecânicos, teoria do controlo e dispositivos ópticos, através de métodos algébricos. Ao fornecer uma descrição funcional alternativa com base na entrada ou saída de um determinado sistema, simplifica o processo de análise ou síntese. Esta transformação facilita a interpretação de sistemas do domínio do tempo para o domínio da frequência, ajudando na compreensão de funções complexas de frequência angular. O processo fundamental da análise de sistemas envolve a conversão da função de transferência do sistema ou da equação diferencial para o domínio s, a manipulação das funções de entrada no domínio s, a combinação das funções de entrada e de transferência para encontrar a função de saída, a utilização da decomposição em fracções parciais para simplificar a função de saída e, finalmente, a conversão da equação de saída novamente para o domínio do tempo. Além disso, a transformada de Laplace é utilizada para fazer a transição de aplicações do domínio do tempo para o domínio da frequência, resolvendo a solução e, em seguida, aplicando a transformada inversa de Laplace para reverter para o domínio do tempo.

Antecedentes

Historicamente, P. S. Laplace introduziu a transformação de Laplace em 1779 como uma transformação integral linear, oferecendo uma forma eficiente de resolver equações diferenciais lineares ordinárias e parciais sem a necessidade de determinar soluções gerais e constantes arbitrárias. Este método, uma forma de matemática operacional, foi objeto de um desenvolvimento significativo por investigadores como Doetsch. Embora se tenha tornado uma ferramenta poderosa na engenharia eléctrica para resolver problemas de circuitos lineares no final dos anos 30, a sua aplicação na dinâmica de sistemas mecânicos e de fluidos só ganhou força nos últimos dez a quinze anos. No entanto, a análise de elementos estruturais estaticamente carregados continua a ser uma área em que a transformada de Laplace não tem sido explorada com a mesma intensidade, e esta tese centrar-se-á principalmente na resolução desta lacuna.

OBJECTIVO

O principal objetivo deste livro é explorar o procedimento de resolução de problemas através da técnica de transformação.

Este livro fornece uma base sólida nos fundamentos da transformada de Laplace e em alguns conceitos de física, e permite compreender algumas das aplicações básicas e muito importantes destes fundamentos a sistemas nucleares e de molas e a solução de problemas relacionados.

Motivações

A transformação de Laplace não tem gozado da mesma popularidade em alguns domínios da análise de engenharia como noutros. Em particular, não é do conhecimento geral que ela permite uma abordagem simples e eficiente do sistema de suspensão de molas, da física nuclear, do sistema de controlo e de muitos outros. Nos últimos anos, tem havido um número crescente de investigadores que se tornaram adeptos da utilização da transformação de Laplace nos domínios da automação, dos controlos de processos, dos servomecanismos, etc.

Perante estas circunstâncias, parece desejável que se desenvolva um procedimento, utilizando a transformação de Laplace, para algumas aplicações. O estudo de tais aplicações é apresentado neste trabalho como a principal motivação e outra motivação é o facto de existirem vários métodos conhecidos para a resolução de equações diferenciais. Todos eles dão soluções gerais em que há sempre a necessidade de encontrar os valores de constantes arbitrárias para obter soluções particulares.

Transformação

A transformada de Laplace é uma técnica matemática bem estabelecida para resolver uma equação diferencial. Muitos problemas matemáticos são resolvidos através de transformações. A ideia é transformar o problema noutro problema que seja mais fácil de resolver. Por outro lado, a transformada inversa é útil para calcular a solução do problema dado

A transformada de Laplace converte uma equação diferencial numa equação algébrica em termos da função de transformação da   quantidade desconhecida pretendida.

Significado da Transformada de Laplace

1. Pode ser aplicado a uma maior variedade de factores de produção do que outros métodos de análise.

2. A resolução de problemas que envolvem condições iniciais é fácil, pois permite-nos trabalhar com equações algébricas em vez de equações diferenciais.

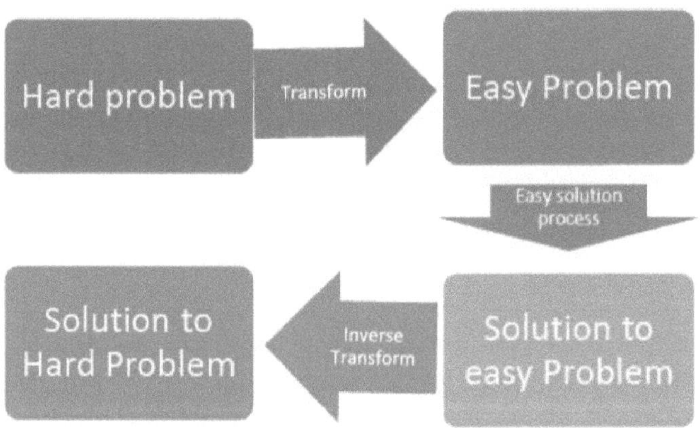

Problema difícil Problema fácil

Processo de solução fácil

Solução para um problema fácil

6

Solução para um problema difícil

Figura 1.1Como funciona a Transformada de Laplace

Capítulo 2

Transformada de Laplace e inversa de Laplace

Definição de Transformada de Laplace

As transformadas de Laplace são utilizadas para converter relações no domínio do tempo num conjunto de equações expressas em termos do operador de Laplace 's'. A partir daí, a solução do problema original é afetada por simples manipulações algébricas no domínio 's' ou de Laplace e não no domínio do tempo. A Transformada de Laplace de uma variável temporal f (t) é definida como:

$\int^{\infty}$

$_{u}\theta\ e^{st}\ f(t)dt$ é designada por transformada de Laplace de f(t) .

Designamo-lo por L[f(t)] ou F(s).

Ou seja, L[f(t)] $= \int\infty\ e^{-st} f(t)dt = $ F(s).

Propriedades da Transformada de Laplace

Tabela nº 2.1 Propriedades da Transformada de Laplace

Nome do imóvel		
Propriedade de Linearidade	Se f(t) e g(t) são duas funções quaisquer de t e к , β são duas funções constantes quaisquer	L[αf(t) + ^g(t)] = αL[f(t)] + Ab[g(t)]
Mudança de propriedade	Se L[f(t)] =F(s), então	$L[e^{a_t} f(t)] = $ F(s - a)
Multiplicação por t^n **Propriedade**	L[f(t)] = f(s), então	L[t ·f(t)] = (-1)⅛ [F(s)]
Transformação de Laplace de Derivado	Se L[f(t)] = F(s), então	L[fⁿ (t)] = sⁿ F(s) - ₛn-1f(0) -ₛ n-2f(0) -ₛ n-2f·(0)- ...-f·(0).

Provas de algumas propriedades úteis (que são utilizadas neste projeto)

*   **Linearidade**

a· f(t) + b· g(t) $= a\ .\ F(s) + b\ .G(s)$

A propriedade de linearidade no domínio do tempo

u(t) = a· f(t)+b· g(t)

Transformada para o domínio de Laplace

$$L\{a\,.f(t) + b.g(t)\} = f\infty(a\,.f(t) + b\,.g(t)) * e\ dt^{-st}$$

$$= af\infty f(t)_{*e\sim st}\ dt + b\ f\infty g(t)* e\ dt^{-st}$$

De onde se segue

$$a\,.f(t) + b.g(t)\ \theta\ a\,.F(s) + b\,.G(s)$$

- **Primeira derivada**

$$\frac{d}{dt}f(t)\quad = s\,F(s) - f(0^-)$$

Prova - :

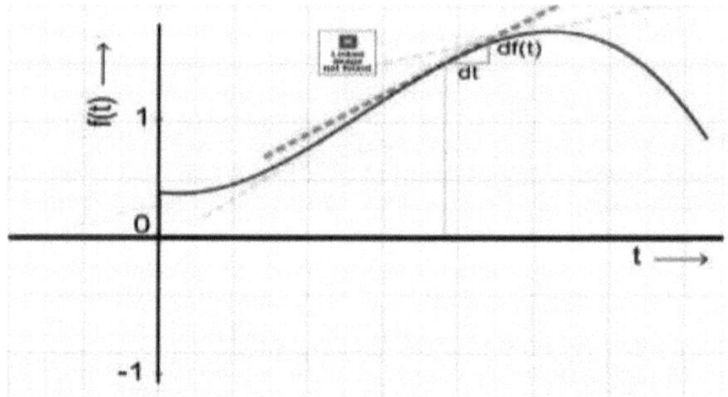

A primeira derivada no tempo é utilizada na derivação da transformada de Laplace para a

impedância do condensador e do indutor. A fórmula geral

$$u(t) = \frac{d}{dt}f(t) \dots\dots(i)$$

Transformada para o domínio de Laplace

$$L\left\{\frac{d}{dt}f(t)\right\} = \int_0^\infty e^{-st}\frac{df(t)}{dt}dt = \int_0^\infty e^{-st}\frac{df(t)}{dt}dt \dots\dots\dots(ii)$$

Integração por partes, com base na regra do produto, da sua aula de cálculo favorita

$$L\left\{\tfrac{d}{dt}f(t)\right\} = [\tfrac{d}{dt}f(t)]_0^\infty - \int_0^\infty(-s)e^{-st}f(t)dt$$

$$= e^{-s\infty}f(\infty) - e^{-s0}f(0) + s\int_0^\infty e^{-st}f(t)dt \quad\dots\dots\dots\dots\dots\dots\dots\text{(iii)}$$

O primeiro termo vai para zero porque f (∞) é finito, o que é uma condição para a existência

da

transformada. O último termo é simplesmente a definição da Transformada de Laplace

multiplicada por s,

$$\tfrac{d}{dt}f(t) \overset{L}{\leftrightarrow} s\,F(s) - F(0)$$

$$\dots\dots\dots\dots\dots\dots\dots\dots\dots\dots\dots\dots\dots\dots\dots\dots\dots\dots\dots\dots\dots\dots\text{(iv)}$$

A condição inicial é tomada em t = 0, o que significa que só precisamos de conhecer esta

condição inicial antes de o sinal de entrada começar.

- Segundos derivados

$$\tfrac{d^2}{dt^2}f(t) \;=\; s^2F(s) - sf(0^-) - f'(0^-)$$

Prova -:

A segunda derivada no tempo é encontrada usando a transformada de Laplace para a primeira

derivada (iv) A fórmula geral

$$u(t) = \tfrac{d^2}{dt^2}f(t)\dots\dots\dots\dots\dots\dots\dots\dots\dots\dots\dots\dots\dots (v)$$

Introduce g(t) $= \tfrac{d}{dt}f(t)$

$$u(t) = \tfrac{d}{dt}g(t)$$

$$g(t) = \tfrac{d}{dt}f(t)$$

A partir da transformada da primeira derivada (iv), encontramos as transformadas de Laplace

de

$$\frac{d}{dt}g(t) \ and \ \frac{d}{dt}f(t)$$

$$U(s) = L\left\{\frac{d}{dt}g(t)\right\} = sG(s) - g(0)^-$$

$$G(s) = L\left\{\frac{d}{dt}f(t)\right\} = sF(s) - f(0^-)$$

Substituir G(s) em U(s)

$$U(s) = s(sF(s) - f(0^-) - g(0^-)$$

$$= s^2F(S) - sf(0^-) - \frac{d}{dt}f(t)$$

Isto leva-nos à transformada de Laplace da segunda derivada de f(t)

- Propriedade de integração

$$\int_0^t f(T)T \quad = \quad \frac{1}{s}F(s)$$

Prova -

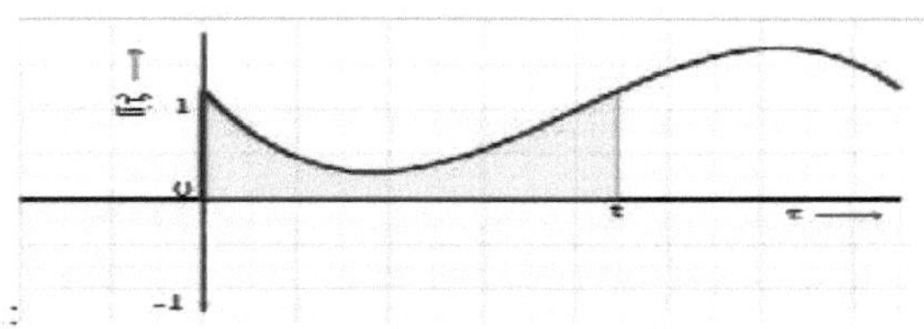

Determine a transformada de Laplace do integral

$$u(t) = \int_{0^-}^t f(T)dT \qquad \dots\dots\dots\dots\dots(\text{i})$$

Aplicar a definição da transformada de Laplace

$$L\left\{\int_{0^-}^{t} f(T)dT\right\} = 0\int_{0^-}^{t}\left(\int_{0^-}^{t} f(T)dT\right)e^{-st}dt \dots\dots\dots\dots\dots (ii)$$

$$L\left\{\int_{0^-}^{t} f(T)dT\right\} = \int_{0}^{\infty} u(t)u'(t)dt$$

$$\int_{a}^{b} u(t)u'(t) = [u(t)v(t)]_{a}^{b} - \int_{a}^{b} u'(t)v(t)dt$$

$$u(t) = \int_{a}^{b} f(T)dT \Rrightarrow u'(t) = f(t)$$

$$v'(t) = e^{st} \Rrightarrow v(t) = -\frac{1}{s}e^{-st}$$

Mais uma vez, resolver usando a integração por partes

$$L\left\{\int_{0}^{t} f(T)dT\right\} = \int_{0^-}^{\infty}\left(\int_{0}^{t} f(T)\, dT\right)e^{-st}dt$$

$$= [\left(\int_{0}^{t} f(T)T\right)\left(-\frac{1}{s}e^{-st}\right)]_{0^-}^{\infty} -$$

$$\int_{0^-}^{\infty} f(t)\left(-\frac{1}{s}e^{-st}\right)dt$$

$$= -\frac{1}{s}[e^{-st}\int_{0^-}^{t} f(T)dT]_{0^-}^{\infty} + \frac{1}{s}\int_{0^-}^{\infty} f(t)e^{-st}dt$$

$$= -\frac{1}{s}\left(e^{-st}\int_{0^-}^{\infty} f(T)dT - e^{-s0^-}\int_{0^-}^{0^-} f(T)dT\right) +$$

$$\frac{1}{s}F(s) \dots (iv)$$

O primeiro termo vai para zero porque f (∞) é finito, o que é uma condição da transformada. No segundo termo, a exponencial vai para um e a integral é 0 porque os limites são iguais. O último termo é simplesmente a definição da Transformada de Laplace sobre.

$$\int_{0}^{t} f(T)T \overset{L}{\leftrightarrow} \frac{1}{s}F(s)$$

Transformada de Laplace de algumas funções elementares: Tabela-2.2 Transformada de Laplace de algumas funções elementares

$F(t)$	$L\{F(t)\}= F(s)$
1	$\dfrac{1}{s}$
t	$\dfrac{1}{s^2}$
t^2	$\dfrac{2!}{s^3}$
$t^n, n \in N$	$\dfrac{n!}{s^{n+1}}$
e^{at}	$\dfrac{1}{s-a}$
$\sin at$	$\dfrac{1}{s^2+a^2}$
$\cos at$	$\dfrac{s}{s^2+a^2}$
$\sinh at$	$\dfrac{a}{s^2-a^2}$
$\cosh at$	$\dfrac{s}{s^2-a^2}$

Transformada inversa de Laplace

L[f(t)]= F(s) ,então

L^{1} [F(s)] = /(t) designa-se por transformada inversa de Laplace de F(s).

Transformada inversa de Laplace de algumas funções elementares:

Tabela-2.3 Transformada inversa de Laplace de algumas funções elementares

$f(s)$	$F(t) = L^{-1}\{f(s)\}$
$\dfrac{1}{s}$	1
$\dfrac{1}{s^2}$	t
$\dfrac{1}{s^3}$	$\dfrac{t^2}{2!}$
$\dfrac{1}{s^{n+1}}$, $n \in N$.	$\dfrac{t^n}{n!}$
$\dfrac{1}{s-a}$	e^{at}
$\dfrac{1}{s^2+a^2}$	$\dfrac{sinat}{a}$
$\dfrac{s}{s^2+a^2}$	$cosat$
$\dfrac{1}{s^2-a^2}$	$\dfrac{sinhat}{a}$
$\dfrac{s}{s^2-a^2}$	$coshat$

Apenas para mostrar a força da transferência de Laplace, mostramos a propriedade de convolução no domínio do tempo de duas funções causais

$$u(t) = f(t) * g(t) = \int_{-\infty}^{\infty} f(\lambda)g(t-\lambda)\mathrm{d}\lambda \ \ldots\ldots\ldots\ \ldots\ldots\ldots\text{(i)}$$

Em que * é o operador de convolução

Transformar para o domínio de Laplace

$$L\{f(t) * g(t)\} = \int_0^{\infty}\left(\int_{-\infty}^{\infty} f(\lambda)g(t-\lambda)\mathrm{d}\lambda\right)e^{-st}dt$$

$$= \int_{-\infty}^{\infty}\int_0^{\infty} f(\lambda)g(t-\lambda)e^{-st}dt\ d\lambda \ \text{change order of integration}$$

$$= \int_{-\infty}^{\infty} f(\lambda)\int_0^{\infty} g(t-\lambda)e^{-st}dt\ d\lambda \ \text{f}(\lambda) \ \text{independent of t} \ \ldots\ldots\text{(ii)}$$

modificação da ordem de integração

independente de t

Substituir u= t - λ

$$L\{f(t) * g(t)\} = \int_{-\infty}^{\infty} f(\ \lambda) \int_{-\lambda}^{\infty} g(u) e^{-s(u+\lambda)} du\ d\lambda \qquad g(u) = 0, \text{ for }$$

all u<0.

$$= \int_{-\infty}^{\infty} f(\ \lambda) \int_{0}^{\infty} g(u) e^{-su} e^{-s}\lambda du\ d\lambda \qquad e^{-s}\lambda \text{ independent of u}$$

$$= \int_{-\infty}^{\infty} f(\ \lambda) e^{-\lambda s} \int_{0}^{\infty} g(u) e^{-su} du\ d\lambda \quad \text{inner integral independent on } \lambda$$

$$= \int_{-\infty}^{\infty} f(\ \lambda) e^{-\lambda s} d\lambda \int_{0}^{\infty} g(u) e^{-su} du \qquad f(\lambda) = 0, \text{ for all } \lambda < 0$$

$$= \int_{0^-}^{\infty} f(\lambda) e^{-s\lambda}\, d\lambda \quad \text{for all } \lambda < 0.$$

$$= \int_{0^-}^{\infty} g(u) e^{-su}\, du \quad \text{these are Laplace transform} \dots\dots\dots\dots(iv)$$

Dê-nos a transferência de Laplace para a propriedade de convolução

$$f(t) * g(t) \overset{L}{\leftrightarrow} F(s)G(s) \dots\dots\dots\dots\dots\dots\dots\dots\dots\dots\dots(v)$$

Capítulo 3

Revisão da literatura

Rahul M. Jetwani." Aplicações da transformação de Laplace no campo da engenharia", 2ª Conferência Nacional de Inovações Recentes em Ciência e Engenharia (NC-RISE 17) Volume: 5 Edição: 9,JRITCC | setembro de 2017. Neste artigo, temos uma idéia das aplicações da transformada de Laplace em vários campos da engenharia e também das propriedades da transformada de Laplace e de várias fontes on-line e livros didáticos, podemos obter essas informações resumidas

Existem muitas grandezas que variam com o tempo, como o fluxo de calor através de um condutor isolado, a corrente em circuitos eléctricos e as oscilações de membranas vibratórias, para citar algumas. As equações diferenciais ordinárias e parciais descrevem a forma como essas quantidades variam com o tempo. Lidar com as equações diferenciais para obter uma solução é uma tarefa difícil quando se trata de resolver uma equação complexa. A ferramenta mais poderosa e mais utilizada para resolver este tipo de problemas é a "Transformação de Laplace". Esta resolve literalmente a equação diferencial dada na forma algébrica e, depois de resolver a equação algébrica, esta equação é recuperada na sua forma original através da aplicação da transformação inversa de Laplace. Por conseguinte, este método é amplamente utilizado por matemáticos, físicos e engenheiros no seu trabalho quotidiano. A transformação de Laplace tem sido utilizada em vários domínios da ciência e da engenharia, onde os pacotes de álgebra computacional como o Mathematica, o Matlab e o Maple ajudam a resolver um problema utilizando esta técnica. A transformação de Laplace é muito utilizada no processamento de sinais e nos sistemas de controlo, bem como nos circuitos eléctricos, para resolver equações de circuitos em que a corrente varia com o tempo. Este método ajuda na análise de sistemas HVAC (aquecimento, ventilação e ar condicionado) e de sistemas lineares invariantes no tempo, simplifica os cálculos na modelação de sistemas e é também utilizado na física nuclear, onde, para obter a verdadeira forma de decaimento radioativo, é utilizada a transformada de Laplace.

Capítulo 4

Aplicações 19

4.1 Transformada de Laplace em Física Nuclear:

Decaimento radioativo

O decaimento radioativo é a emissão de energia sob a forma de radiação ionizante. A radiação ionizante emitida pode incluir partículas alfa, partículas beta e/ou partículas gama O decaimento radioativo ocorre em átomos desequilibrados chamados radionuclídeos.

Os elementos da tabela periódica podem assumir várias formas. Algumas destas formas são estáveis; outras formas são instáveis. Normalmente, a forma mais estável de um elemento é a mais comum na natureza. No entanto, todos os elementos têm uma forma instável. As formas instáveis emitem radiação ionizante e são radioactivas. Existem alguns elementos sem forma estável que são sempre radioactivos, como o urânio. Os elementos que emitem radiações ionizantes são designados por radionuclídeos.

Tipos de radiações ionizantes: O decaimento radioativo pode resultar na emissão de vários tipos de radiação ionizante:

1. **Decaimento alfa:** Envolve a emissão de uma partícula alfa, que consiste em dois protões e dois neutrões.

2. **Decaimento beta:** Envolve a transformação de um neutrão num protão (decaimento beta mais) ou de um protão num neutrão (decaimento beta menos), acompanhada pela emissão de uma partícula beta.

3. **Decaimento gama:** Emissão de raios gama, que são ondas electromagnéticas de alta energia.

Átomos instáveis e radionuclídeos: Os átomos podem existir em formas estáveis e instáveis. Os átomos instáveis, ou radionuclídeos, sofrem decaimento radioativo para atingirem uma configuração mais estável. Alguns elementos, como o urânio, não têm formas estáveis e são sempre radioactivos.

Transformada de Laplace em Física Nuclear: A Transformada de Laplace tem aplicação na física nuclear, particularmente no estudo do decaimento radioativo. Eis como está envolvida:

1. **Modelação matemática:**

• O processo de decaimento radioativo pode ser modelado matematicamente utilizando equações diferenciais.

• A Transformada de Laplace é aplicada a estas equações diferenciais para simplificar a análise.

2. **Determinação das taxas de decaimento:**

• A Transformada de Laplace ajuda a determinar as taxas de decaimento de substâncias radioactivas ao longo do tempo.

• Fornece uma ferramenta matemática para estudar o comportamento dinâmico dos processos de decaimento radioativo.

3. **Análise da resposta do sistema:**

• Compreender a forma como um sistema de radionuclídeos responde a alterações nas condições iniciais ou a factores externos.

• A Transformada de Laplace ajuda a prever e analisar o comportamento do sistema.

Aplicações: A aplicação da Transformada de Laplace no decaimento radioativo estende-se a várias áreas:

1. **Imagiologia médica e tratamento:**

• A compreensão dos processos de decaimento é crucial na imagiologia médica, onde são utilizados traçadores radioactivos.

• A Transformada de Laplace ajuda a prever o comportamento destes traçadores em sistemas biológicos.

2. **Monitorização ambiental:**

• O estudo do decaimento radioativo ajuda a monitorizar os níveis de radiação ambiental.

• A Transformada de Laplace é aplicada para analisar e interpretar dados de radiação sistemas de controlo.

3. **Dinâmica de Reactores Nucleares:**

- A Transformada de Laplace é utilizada na análise da cinética de reactores e na compreensão do comportamento de reactores nucleares.

Em conclusão, a Transformada de Laplace desempenha um papel vital na análise matemática e na modelização do decaimento radioativo em física nuclear. Constitui uma ferramenta poderosa para compreender o comportamento dinâmico dos radionuclídeos, com aplicações que vão desde as ciências médicas à monitorização ambiental e à dinâmica dos reactores nucleares.

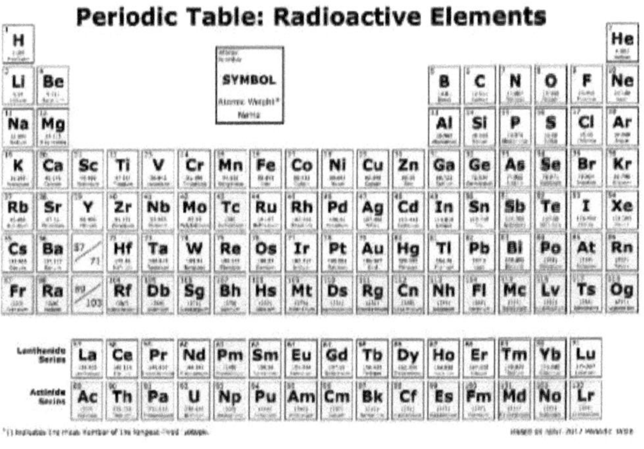

Figura no. 4.1 Tabela Periódica

Quando decai, um radionuclídeo transforma-se num átomo diferente - um produto de decaimento. Os átomos continuam a transformar-se em novos produtos de decaimento até atingirem um estado estável e deixarem de ser radioactivos. A maioria dos radionuclídeos decaem apenas uma vez antes de se tornarem estáveis. Os que decaem em mais do que um passo são designados por radionuclídeos em série. A série de produtos de decaimento criada para atingir este equilíbrio é designada por cadeia de decaimento.

Cada série tem a sua própria cadeia de decaimento. Os produtos de decaimento dentro da cadeia são sempre radioactivos. Apenas o átomo final e estável da cadeia não é radioativo.

Alguns produtos de decaimento são um elemento químico diferente.

Cada radionuclídeo tem uma taxa de decaimento específica, que é medida em termos de "meia-vida". A meia-vida radioactiva é o tempo necessário para que metade dos átomos radioactivos presentes se decaia. Alguns radionuclídeos têm meias-vidas de meros segundos, mas outros têm meias-vidas de centenas, milhões ou milhares de milhões de anos.

Lei do decaimento radioativo

Quando um material radioativo sofre um decaimento α, β ou γ, o número de núcleos que sofrem o decaimento, por unidade de tempo, é proporcional ao número total de núcleos no material da amostra. Assim,

Se N = número total de núcleos na amostra e ΔN = número de núcleos que sofrem decaimento no tempo Δt, então

$\Delta N/ \Delta t \ \kappa \ N$

Ou, $\Delta N/ \Delta t = \lambda N$

em que λ = constante de decaimento radioativo ou constante de desintegração. Agora, a mudança no número de núcleos na amostra é, $dN = - \Delta N$ no tempo Δt. Assim, a taxa de variação de

N (no limite $\Delta t \to 0$) é

$$\frac{dN}{dt} = - \lambda N$$
(e esta é a equação diferencial linear de primeira ordem)

Esta equação é a relação fundamental que descreve o decaimento radioativo, em que N =N(t) representa o número de átomos não decaídos que restam numa amostra de um isótopo radioativo no tempo t e λ é a constante de decaimento.

Podemos utilizar a Transformada de Laplace para resolver esta equação.

Rearranjando a equação acima, obtemos

$$\frac{dN}{dt} + \lambda N = 0$$

Tomando a transformada de Laplace em ambos os lados,

sL[N]-N(0)+λL[N]=0

$$\therefore \quad s\bar{N} - N_0 + \lambda \bar{N} = 0$$

.... {here L[N]= $\bar{N}$ and N(0)= N_0

$$\therefore \quad \bar{N} = \frac{N_0}{s+\lambda}$$

Agora, tomando a transformada inversa de Laplace em ambos os lados, obtemos

N(t)= N $e_0^{-\lambda t}$

Esta é, de facto, a forma correcta para o decaimento radioativo.

Duas cadeias de decaimento são apresentadas no quadro:

Quadro n.º 4.1 Cadeias de decaimento

Elementos	Cadeia de decaimento
Urânio- 238. (fonte: U.S. Geological Survey (USGS))	**A cadeia de decaimento do urânio-238** 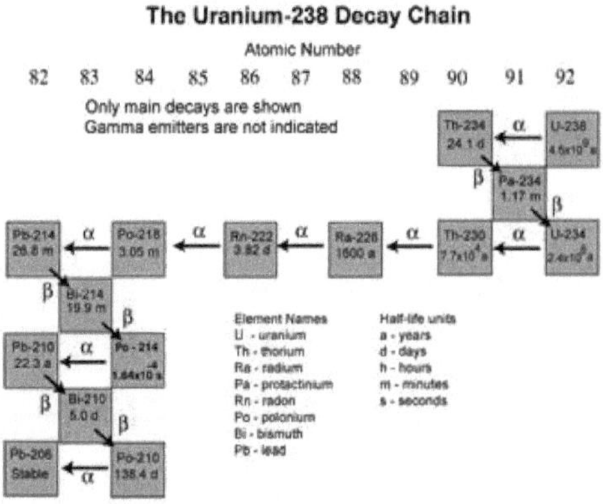
Tório- 232. (fonte: U.S. Geological Survey (USGS))	A cadeia de decaimento do tório-232

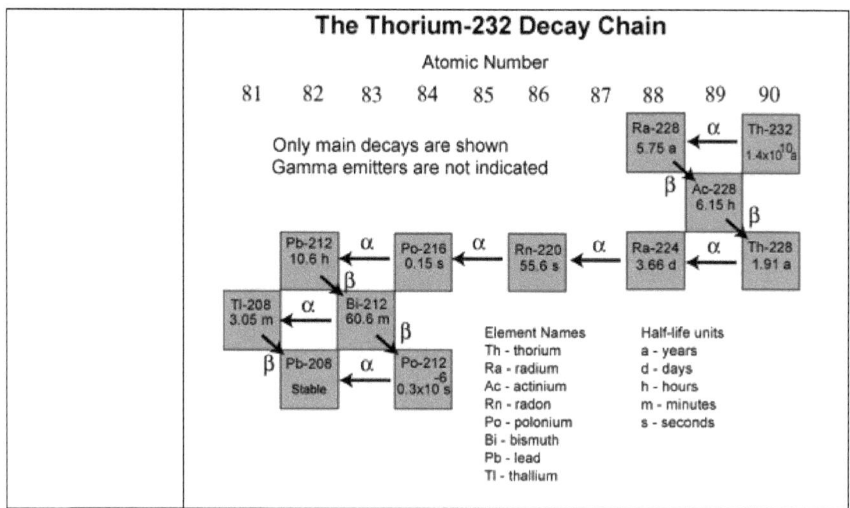

4.2 Sistemas mecânicos vibratórios

Ao examinar o sistema de suspensão do objeto, os elementos importantes do sistema são a massa do objeto e as molas e amortecedores utilizados para ligar o corpo do objeto às **ligações da suspensão**. Os sistemas mecânicos de translação podem ser utilizados para modelar muitas situações e envolvem três elementos básicos: massas (com massa M, medida em kg), molas (com rigidez K, medida em Nm-1) e amortecedores (com coeficiente de amortecimento B, medido em Nsm-1). As variáveis associadas são o deslocamento x(t) (medido em m) e a força F(t) (medida em N).

Lei de Hooke, lei da elasticidade descoberta pelo cientista inglês Robert Hooke em 1660, que estabelece que, para deformações relativamente pequenas de um objeto, o deslocamento ou a dimensão da deformação é diretamente proporcional à força ou carga deformante. Nestas condições, o objeto volta à sua forma e tamanho originais após a remoção da carga. O comportamento elástico dos sólidos, de acordo com a lei de Hooke, pode ser explicado pelo facto de pequenos deslocamentos das moléculas, átomos ou iões que os constituem, a partir de posições normais, serem também proporcionais à força que provoca o deslocamento.

A força de deformação pode ser aplicada a um sólido por estiramento, compressão, compressão, flexão ou torção. Assim, um fio metálico apresenta um comportamento elástico de acordo com a lei de Hooke porque o pequeno aumento do seu comprimento quando esticado por uma força aplicada duplica de cada vez que a força é duplicada. Matematicamente, a lei de Hooke afirma que a força aplicada F é igual a uma constante k vezes o deslocamento ou mudança no comprimento x, ou $F = kx$. O valor de k depende não só do tipo de material elástico em consideração, mas também das suas dimensões e forma.

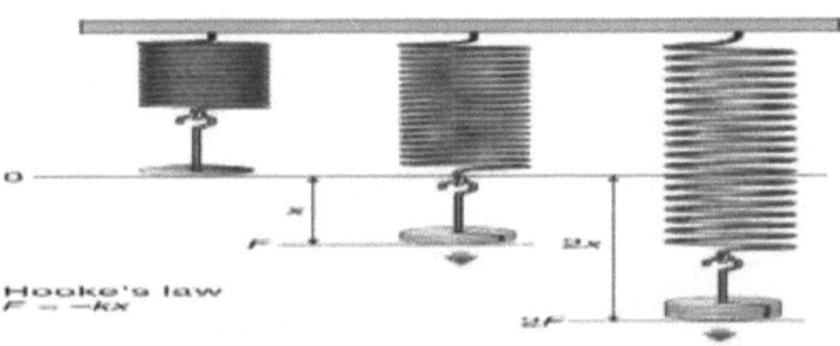

Figura no. 4.2 Lei de Hooke

A segunda lei do movimento de Newton

A aceleração de um objeto produzida por uma força resultante é diretamente proporcional à magnitude da força resultante, na mesma direção que a força resultante, e inversamente proporcional à massa do objeto.

F=ma, em que F é a força, m é a massa e a é a aceleração

Problema 1:

Obtenha a equação para as oscilações forçadas de uma massa m presa à extremidade inferior de uma mola elástica cuja extremidade superior é fixa e cuja rigidez é k, quando a força motriz é F0 sinat. Resolva esta equação (Usando as Transformadas de Laplace) quando $a^2 \neq k/m$, dado que inicialmente a velocidade e o deslocamento (a partir da posição de equilíbrio) são nulos.

Solução: O problema reside nas oscilações forçadas sem amortecimento.

(Se o ponto de apoio da mola também estiver a vibrar com alguma força periódica externa, então o movimento resultante é designado por movimento oscilatório forçado, caso contrário o movimento é designado por oscilações forçadas sem amortecimento) Tomando a força periódica externa como sendo F0 sin at, a equação do movimento é

$$\frac{md^2x}{dt^2} = mg - k(e + x) + \text{F0}\sin at \quad\ldots\ldots\ldots\ldots\ldots\ldots\ldots\ldots\ldots\ldots\ldots\ldots\ldots\ldots\ldots\ldots\ldots\ldots\ldots(1)$$

onde, x é o comprimento da parte esticada da mola (deslocamento) após o tempo t, e é o alongamento produzido na mola pela massa m, k é a força de restauração por unidade de alongamento da mola devido à elasticidade; a é qualquer constante arbitrária e p é qualquer escalar.

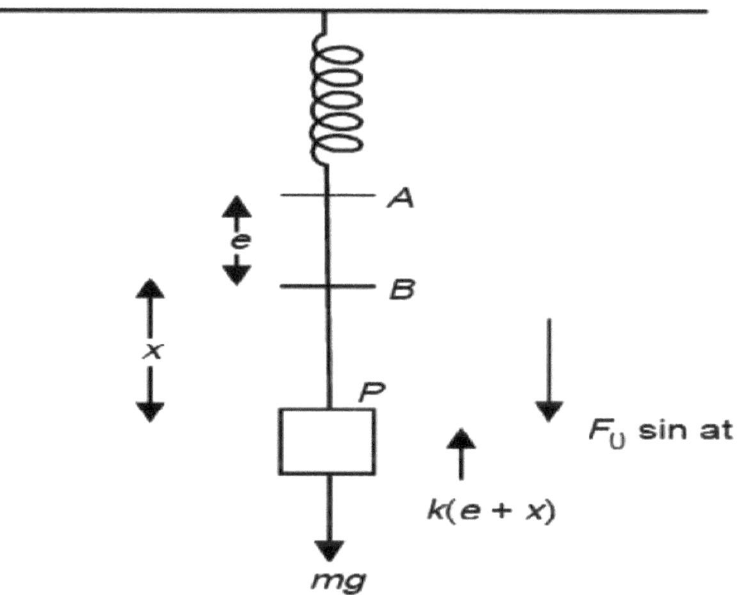

Figura no.4.3 Problemi FBD

Neste problema específico, a tensão mg = ke, pelo que a equação (1) passa a ser

$$\frac{md^2x}{dt^2} = -k(x) + \text{F0}\sin at$$

$$\frac{d^2x}{dt^2} + n^{2(x)} = (\text{F0}/m)\sin at \qquad\ldots \qquad (2)$$

Tomando Laplace em ambos os lados de (2), obtemos

$$\left[s^2\bar{x}(s) - sx(0) - x'(0)\right] + n^2\bar{x}(s) = \frac{F_0}{m}\frac{a}{s^2 + a^2}$$

$$\left(s^2 + \frac{k}{m}\right)\bar{x}(s) = \frac{F_0}{m}\frac{a}{s^2 + a^2} \ , \ \ \text{using } x(0) = 0, \ \ x'(0) = 0$$

$$\bar{x}(s) = \frac{aF_0}{m} \cdot \frac{1}{\left(s^2 + a^2\right)\left(s^2 + \left(\sqrt{\frac{k}{m}}\right)^2\right)} = \frac{aF_0}{m}\frac{1}{(s^2 + a^2)(s^2 + n^2)}, \ \mu = \sqrt{\frac{k}{m}} \qquad \ldots (3)$$

Now by partial fractions, $\dfrac{1}{\left(s^2 + a^2\right)\left(s^2 + n^2\right)} = \dfrac{As + B}{\left(s^2 + a^2\right)} + \dfrac{Cs + D}{\left(s^2 + n^2\right)}$

$$1 = \left(As + B\right)\left(s^2 + n^2\right) + \left(Cs + D\right)\left(s^2 + a^2\right)$$

$\Rightarrow \qquad 1 = s^3\left(A + C\right) + s^2\left(B + D\right) + s\left(n^2 A + a^2 C\right) + \left(n^2 B + a^2 D\right)$

On solving for A, B, C, D, we get $\ A = 0, \ \ B = \dfrac{1}{n^2 - a^2}, \ \ C = 0, \ \ D = -\dfrac{1}{\left(n^2 - a^2\right)}$

Hence $\qquad \bar{x}(s) = \dfrac{aF_0}{m\left(n^2 - a^2\right)}\left[\dfrac{1}{\left(s^2 + a^2\right)} - \dfrac{1}{\left(s^2 + n^2\right)}\right]$

Taking Laplace Inverse on both sides,

$$x(t) = \frac{aF_0}{m\left(n^2 - a^2\right)}\left[\frac{1}{a}\ \sin at - n\sin nt\right],$$

$$= \frac{F_0}{mn\left(n^2 - a^2\right)}\left[n\sin at - a\sin nt\right], \qquad \text{where } n = \sqrt{\frac{k}{m}} \ \ \text{and} \ \ \frac{k}{m} \neq a^2$$

Problema 2 :

O sistema massa-mola-amortecedor pode ser modelado utilizando a lei de Newton e a lei de Hooke.

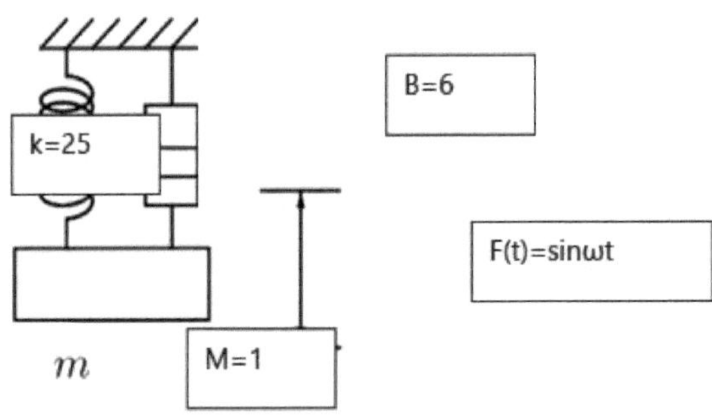

Figura no. 4.4 Problema 2 FBD

Portanto, a equação diferencial que representa o sistema acima é dada por

$$\frac{d^2x}{dt^2} + 6\frac{dx}{dt} + 25x = 4\sin\omega t$$

Solução para o problema

$$\frac{d^2x}{dt^2} + 6\frac{dx}{dt} + 25x = 4\sin\omega t \dots\dots\dots\dots\dots\dots\dots\dots\dots\dots\dots\dots\dots\dots\dots\dots\dots\dots (i)$$

Tomando a transformada de Laplace em (i) obtém-se

$$L[x''(t)] + 6L[x'(t)] + 25L[x(t)] = L[4\sin\omega t]$$

Incorporando as propriedades da transformada de Laplace, obtemos

$$(s^2 + 6s + 25)L[x(t)] = [sx(0) + x'(0) + 6x(0)] + \frac{4\omega}{(s^2+\omega^2)}$$

E adoptamos as condições iniciais x (0) =0=x' (0)

$$L[x(t)] = \frac{4\omega}{(s^2+\omega^2)(s^2+6s+25)}$$

O que, ao resolver em fração parcial (com $\omega=2$), leva a

$$L[x(t)] = \frac{8}{(s^2+4)(s^2+6s+25)} = \frac{As+B}{(s^2+4)} + \frac{Cs+D}{(s^2+6s+25)}$$

A transformada inversa de Laplace dá a resposta necessária

$$x(t) = \frac{4}{195}(7\sin 2t - 4\cos 2t) + \frac{2}{195}e^{-3t}(8\cos 4t - \sin 4t)$$

Utilizado praticamente em

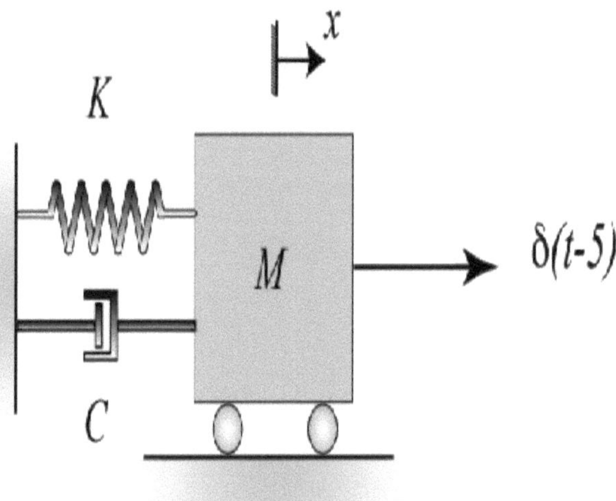

Figura no. 4.5 Amortecedores de vagões de comboio

Amortecedores de carrinhos de comboio

O amortecedor é uma parte do acoplamento amortecedor e corrente, utilizado nos sistemas ferroviários para fixar os veículos ferroviários uns aos outros.

O tampão é utilizado para parar o comboio. O tampão de choque aumenta o tempo de impacto entre os dois bogies antes de estes pararem, pelo que o choque é reduzido.

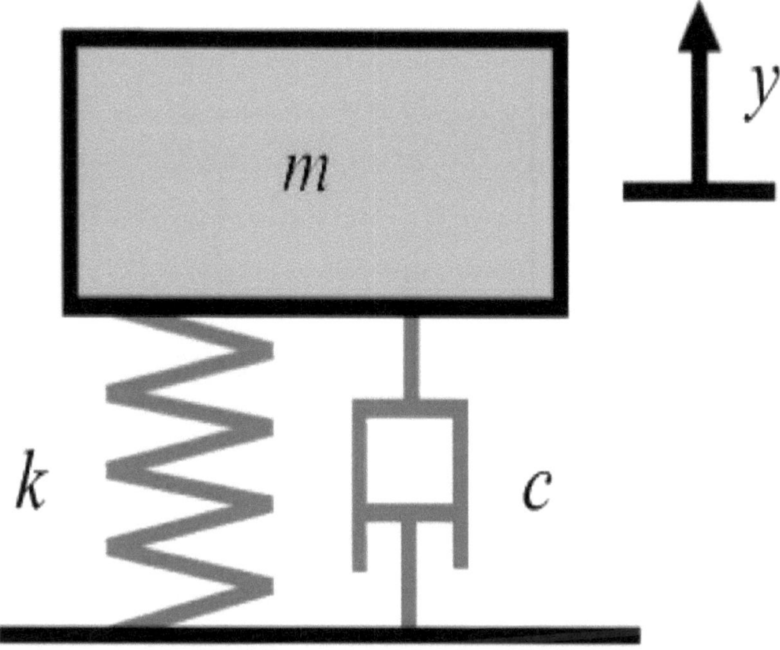

Figura no. 4.6 Sistemas de suspensão de automóveis

Sistema de suspensão do automóvel

A suspensão é o termo dado ao sistema de molas, amortecedores e ligações que liga um veículo às suas rodas

Porque utilizamos o sistema Suspension

- Suporta o peso.

- Proporciona uma condução suave.

- Permite efetuar curvas rápidas sem uma rotação extrema da carroçaria.

- Mantém os pneus em contacto firme com a estrada.

- Isolar os passageiros e a carga das vibrações e dos choques

- Permite que as rodas dianteiras girem de um lado para o outro para a direção.

- Trabalha com o sistema de direção para manter as rodas corretamente alinhadas

4.3 Sistemas de controlo: Uma breve panorâmica

Definição: Os sistemas de controlo são uma parte integrante da engenharia que gere e regula o comportamento de sistemas dinâmicos. Estes sistemas podem ser mecânicos, eléctricos, químicos ou biológicos, e o objetivo dos sistemas de controlo é garantir que estes sistemas funcionem da forma desejada. A teoria do controlo envolve a compreensão e a manipulação das variáveis de um sistema para alcançar um resultado ou desempenho específico.

Componentes de um sistema de controlo:

1. **Instalação:** O sistema ou processo que precisa de ser controlado. Pode ser um sistema mecânico, um circuito elétrico ou qualquer sistema dinâmico.

2. **Controlador:** O dispositivo ou algoritmo que processa a informação do sistema e gera sinais de controlo para influenciar o comportamento do sistema.

3. **Sensor:** Detecta o estado atual ou a saída do sistema e fornece feedback ao controlador.

4. **Atuador:** Recebe o sinal de controlo do controlador e aplica-o ao sistema, influenciando o seu comportamento.

Tipos de sistemas de controlo:

1. **Sistema de controlo em malha aberta:** A ação de controlo é independente da saída do sistema. Baseia-se no comando de entrada e não tem em conta a resposta do sistema.

2. **Sistema de controlo em circuito fechado (sistema de controlo de feedback):** A ação de controlo é baseada no feedback da saída do sistema. Isto permite ajustar o sinal de controlo com base na diferença entre as saídas desejada e real.

Conceitos-chave em sistemas de controlo:

1. **Estabilidade:** Um sistema de controlo estável garante que a resposta do sistema permanece limitada ao longo do tempo.

2. **Resposta transiente e em estado estacionário:** Analisar a forma como um sistema

responde a alterações ou perturbações, tanto inicialmente como ao longo do tempo.

3. **Resposta em frequência:** Compreender como um sistema responde a diferentes frequências de sinais de entrada.

4. **Função de transferência:** Uma representação matemática da relação entre a entrada e a saída de um sistema no domínio de Laplace.

O papel da transformada de Laplace nos sistemas de controlo: A transformada de Laplace é amplamente utilizada em sistemas de controlo para fins de análise e conceção. Simplifica a representação das equações diferenciais que regem o comportamento do sistema, facilitando a análise do sistema no domínio da frequência. A utilização da Transformada de Laplace permite aos engenheiros aplicar ferramentas e técnicas matemáticas para uma conceção mais sistemática e eficiente do sistema de controlo.

Aplicações:

- **Automação industrial:** Controlo dos processos de fabrico.
- **Sistemas aeroespaciais:** Controlo de aeronaves e de veículos espaciais.
- **Robótica:** Controlo do movimento e manipulação de sistemas robóticos.
- **Sistemas de energia:** Regulação da produção e distribuição de energia eléctrica.

Em resumo, os sistemas de controlo são cruciais para garantir o desempenho desejado dos sistemas dinâmicos e a aplicação da Transformada de Laplace melhora os processos de análise e conceção na engenharia de controlo.

4.4 Análise de circuitos: Uma breve visão geral

Definição: A análise de circuitos é um aspeto fundamental da engenharia eléctrica que envolve o exame e a compreensão do comportamento dos circuitos eléctricos. Os circuitos eléctricos são sistemas de componentes eléctricos interligados, tais como resistências, condensadores, indutores e fontes de tensão, através dos quais a corrente eléctrica pode fluir. A análise de circuitos tem como objetivo determinar os valores de tensão e corrente em diferentes pontos de um circuito.

Conceitos-chave em análise de circuitos:

1. **Lei de Ohm:** Descreve a relação entre tensão (V), corrente (I) e resistência (R) num circuito como V = I * R.

2. **Leis de Kirchhoff:**

• **Lei da corrente de Kirchhoff (KCL):** Afirma que a corrente total que entra numa junção de um circuito é igual à corrente total que sai da junção.

• **Lei da tensão de Kirchhoff (KVL):** Afirma que a soma total das tensões em torno de qualquer circuito fechado num circuito é zero.

3. **Análise de nós e malhas:** Técnicas para analisar circuitos considerando nós (pontos onde vários componentes se conectam) e malhas (circuitos fechados dentro do circuito).

4. **Teoremas de Thevenin e Norton:** Métodos para simplificar circuitos complexos em circuitos equivalentes, tornando a análise mais fácil de gerir.

O papel da transformada de Laplace na análise de circuitos:

A Transformada de Laplace é uma poderosa ferramenta matemática utilizada na análise de circuitos, particularmente para circuitos com componentes ou sinais variáveis no tempo. Veja como ela é aplicada:

1. **Equações diferenciais para equações algébricas:**

• Os circuitos eléctricos envolvem frequentemente equações diferenciais, especialmente quando se trata de componentes reactivos como condensadores e indutores.

• A Transformada de Laplace é utilizada para converter estas equações diferenciais em equações algébricas, simplificando o processo de análise.

2. **Resposta ao impulso e funções de transferência:**

• A Transformada de Laplace ajuda a encontrar a resposta ao impulso de um circuito, o que é crucial para compreender o seu comportamento dinâmico.

• As funções de transferência, que representam a relação entre a entrada e a saída no domínio de Laplace, ajudam na análise e conceção de sistemas.

3. **Análise de estado estacionário e transiente:**

• A Transformada de Laplace facilita a separação dos componentes em estado estacionário e transiente da resposta de um circuito.

• Permite aos engenheiros analisar o comportamento de um circuito em diferentes condições, como durante a transição de um estado para outro.

Aplicações:

• **Conceção de circuitos electrónicos:** Analisar e projetar circuitos para várias aplicações, incluindo amplificadores, filtros e osciladores.

• **Eletrónica de potência:** Estudo e conceção de circuitos para conversão de energia, como em inversores e conversores.

• **Sistemas de Comunicação:** Análise de circuitos de processamento de sinal em sistemas de comunicação.

Em resumo, a análise de circuitos, associada às técnicas da transformada de Laplace, fornece uma abordagem sistemática para a compreensão e conceção de circuitos eléctricos, tornando-a uma competência essencial para engenheiros electrotécnicos e profissionais de áreas afins.

4.5 Processamento de sinais: Uma breve visão geral

Definição: O processamento de sinais é um campo de estudo e prática que envolve a análise, modificação e interpretação de sinais. Um sinal é uma representação de informação, normalmente sob a forma de tensões eléctricas, formas de onda áudio, imagens ou quaisquer dados que variem com o tempo ou o espaço. As técnicas de processamento de sinais são aplicadas para melhorar, comprimir ou extrair informações de sinais em várias aplicações.

Conceitos-chave em processamento de sinais:

1. **Sinais analógicos e digitais:**

• **Sinais analógicos:** Contínuos e variam suavemente no tempo ou no espaço.

• **Sinais digitais:** Discretos e representados como uma sequência de números.

2. **Filtragem e técnicas de filtragem:**

*   **Filtros passa-baixo, passa-alto e passa-banda:** Utilizados para permitir ou bloquear componentes de frequência específicos num sinal.

*   **Filtros FIR (Finite Impulse Response) e IIR (Infinite Impulse Response):** Diferentes tipos de filtros digitais.

3. **Transformações:**

*   **Transformada de Fourier:** Decompõe um sinal nas suas componentes de frequência.

*   **Transformada de Laplace:** Estende a Transformada de Fourier para analisar sinais com componentes exponenciais complexos e é valiosa para a análise de sistemas.

4. **Modulação e desmodulação:**

- Técnicas utilizadas nos sistemas de comunicação para transmitir informações de forma eficiente.

O papel da transformada de Laplace no processamento de sinais:

A Transformada de Laplace desempenha um papel significativo no processamento de sinais, particularmente na análise e projeto de sistemas lineares invariantes no tempo (LTI). Veja como ela é aplicada:

1. **Análise do sistema:**

*   A Transformada de Laplace ajuda a representar o comportamento de sistemas lineares no domínio da frequência.

*   As funções de transferência derivadas da análise de Laplace fornecem informações sobre a resposta do sistema a diferentes sinais de entrada.

2. **Conceção do filtro:**

*   Conceber filtros para modificar o conteúdo de frequência dos sinais.

*   A Transformada de Laplace auxilia na análise das características do filtro, como largura de banda e frequências de corte.

3. **Análise de estabilidade:**

*   Determinar a estabilidade dos sistemas, que é crucial para garantir um sinal fiável

processamento.

- A Transformada de Laplace ajuda a analisar os pólos e zeros da função de transferência do sistema.

4. **Sistemas de controlo:**

- As técnicas da transformada de Laplace são frequentemente utilizadas no controlo de sistemas para obter as respostas de sinal desejadas.

Aplicações:

- **Processamento de sinais de áudio:** Manipulação de sinais de áudio para aplicações em música, telecomunicações e entretenimento.

- **Processamento de imagens:** Melhorar e analisar imagens para fins médicos, industriais e multimédia.

- **Sistemas de comunicação:** Analisar e projetar sistemas para a transmissão eficiente de informação.

Em resumo, o processamento de sinais, juntamente com a análise da transformada de Laplace, fornece uma estrutura poderosa para a compreensão e manipulação de sinais em várias aplicações, contribuindo para avanços na comunicação, multimédia e tecnologia.

4.6 Sistemas mecânicos: Uma breve panorâmica

Definição: Os sistemas mecânicos referem-se a sistemas físicos compostos por componentes mecânicos interligados que trabalham em conjunto para realizar uma tarefa ou função específica. Estes sistemas são predominantes em várias indústrias e aplicações quotidianas, desde mecanismos simples a maquinaria complexa.

Componentes principais dos sistemas mecânicos:

1. **Elementos mecânicos:**

- Inclui componentes como engrenagens, alavancas, molas e ligações.

- Cada elemento serve um objetivo mecânico específico e contribui para a funcionalidade global do sistema.

2. **Fontes de energia:**

• Motores, motores ou outros dispositivos que fornecem a potência necessária para acionar os componentes mecânicos.

• A conversão de energia de uma forma para outra é um aspeto fundamental dos sistemas mecânicos.

3. **Sistemas de transmissão:**

• Sistemas de correias, correntes ou engrenagens que transmitem energia da fonte para os elementos mecânicos.

• Uma transmissão eficiente é crucial para o bom funcionamento do sistema global.

4. **Mecanismos de controlo:**

• Dispositivos ou sistemas que regulam e controlam o comportamento dos componentes mecânicos.

• Os exemplos incluem travões, embraiagens e sistemas de controlo automatizados.

5. **Componentes estruturais:**

- Quadro, chassis ou estruturas de suporte que proporcionam estabilidade e formam a estrutura do sistema mecânico.

O papel da transformada de Laplace na análise de sistemas mecânicos:

A Transformada de Laplace é uma poderosa ferramenta matemática utilizada na análise e modelação de sistemas mecânicos. Veja como ela é aplicada:

1. **Modelação dinâmica:**

• Representa o comportamento dinâmico de sistemas mecânicos através de equações diferenciais.

• A Transformada de Laplace facilita a transição do domínio do tempo para o domínio da frequência para uma análise mais fácil.

2. **Análise de vibrações:**

• Os sistemas mecânicos apresentam frequentemente vibrações devido a vários factores, como forças externas ou desequilíbrios.

• A Transformada de Laplace ajuda a analisar e a compreender as características de vibração do sistema.

3. **Sistemas de controlo:**

• A transformada de Laplace é amplamente utilizada em sistemas de controlo de sistemas mecânicos.

• Ajuda na conceção de estratégias de controlo para alcançar o desempenho e a estabilidade desejados.

Análise das respostas:

• Avaliar a resposta de sistemas mecânicos a diferentes factores de produção, como a força ou a deslocação.

• A Transformada de Laplace fornece uma abordagem sistemática para analisar e prever as respostas do sistema.

Aplicações da Transformada de Laplace em Sistemas Mecânicos:

1. **Engenharia automóvel:**

- Análise de sistemas de suspensão, dinâmica de motores e sistemas de controlo de veículos.

2. **Robótica:**

- Modelação e controlo de braços e mecanismos robóticos.

3. **Conceção de máquinas:**

- Compreender e otimizar o desempenho de vários componentes mecânicos em máquinas industriais.

4. **Engenharia aeroespacial:**

- Análise de sistemas de controlo e do comportamento dinâmico de aeronaves e veículos espaciais.

Em resumo, a aplicação da Transformada de Laplace em sistemas mecânicos facilita uma compreensão abrangente do seu comportamento dinâmico, permitindo aos engenheiros conceber, analisar e otimizar estes sistemas para várias aplicações.

4.7 Transferência de calor: Uma breve visão geral

Definição: A transferência de calor é o processo de troca de energia térmica entre sistemas físicos, quer dentro do mesmo sistema, quer entre sistemas diferentes. Compreender e controlar a transferência de calor é crucial em várias aplicações de engenharia e processos quotidianos.

Conceitos-chave em transferência de calor:

1. **Modos de transferência de calor:**

•	**Condução:** Transferência de calor através do contacto direto entre partículas de uma substância.

•	**Convecção:** Transferência de calor através do movimento de fluidos (líquidos ou gases).

•	**Radiação:** Transferência de calor através de ondas electromagnéticas sem a necessidade de um meio.

2. **Condutividade térmica:**

- A propriedade de um material de conduzir calor. Os materiais com elevada condutividade térmica transferem calor de forma mais eficiente.

3. **Permutadores de calor:**

- Dispositivos concebidos para transferir calor entre dois ou mais fluidos, assegurando a eficiência energética em vários sistemas.

4. **Resistência térmica:**

- A oposição que um material apresenta ao fluxo de calor. Influencia a taxa a que o calor é transferido através de uma substância.

O papel da transformada de Laplace na análise da transferência de calor:

A Transformada de Laplace é utilizada na modelação matemática e na análise de processos de transferência de calor. Veja como ela é aplicada:

1. **Condução de calor em condições transitórias:**

- A Transformada de Laplace ajuda a resolver problemas de condução de calor em regime transitório, transformando as equações diferenciais parciais dominantes em equações algébricas mais simples.

2. **Distribuição da temperatura:**

- Analisar a distribuição da temperatura num material ou sistema ao longo do tempo.

- A Transformada de Laplace ajuda a obter soluções para perfis e variações de temperatura.

3. **Resposta do sistema ao aquecimento ou arrefecimento:**

- A Transformada de Laplace é utilizada para estudar a forma como um sistema responde a alterações na entrada ou saída de calor.

4. **Processos de aquecimento controlados:**

- Conceção e análise de sistemas que envolvem aquecimento ou arrefecimento controlado.

- A transformada de Laplace ajuda a compreender a resposta dinâmica do sistema.

Aplicações da Transformada de Laplace em Transferência de Calor:

1. **Análise térmica de edifícios:**

- Modelação da transferência de calor em materiais de construção para uma conceção eficiente do isolamento.

2. **Dispositivos electrónicos:**

- Analisar e otimizar a dissipação de calor em componentes electrónicos.

3. **Sistemas de energia:**

- Compreender a transferência de calor em sistemas de produção e distribuição de energia eléctrica.

4. **Processos industriais:**

- Otimização da transferência de calor em processos de fabrico, como a fundição de metais ou reacções químicas.

Em resumo, a Transformada de Laplace desempenha um papel crucial na análise e modelação de processos de transferência de calor, permitindo aos engenheiros conceber sistemas com uma gestão eficiente do calor para várias aplicações.

Capítulo 5

Conclusão 42

As transformadas de Laplace tornaram-se uma parte integrante da ciência moderna, sendo utilizadas num vasto número de disciplinas diferentes. Quer sejam utilizadas na análise de circuitos eléctricos, no processamento de sinais ou mesmo na modelação do decaimento radioativo na física nuclear, rapidamente ganharam popularidade entre a comunidade intelectual que lida com estes assuntos no dia a dia. Desde que ganhou popularidade no final dos anos 1900, a transformada cimentou-se como um componente necessário para que aqueles que estudam matemática, engenharia, física e outras ciências estejam familiarizados com ela e saibam como utilizá-la. A transformada de Laplace pode ter ganho fama pelas suas utilizações na análise de circuitos, mas é uma transformada extremamente diversificada que qualquer matemático deve conhecer devido à sua versatilidade. As suas aplicações são numerosas e, sem ela, muitos dos nossos avanços tecnológicos teriam sido interrompidos, atrasando o rápido aumento da tecnologia que a sociedade moderna continua a testemunhar.

Observação

Esta abordagem (método da transformada de Laplace) para a resolução de equações diferenciais é muito boa e dá geralmente a solução específica de um dado problema. No capítulo 4, o método produziu soluções para os problemas de valor inicial e de fronteira. A transformada de Laplace simplifica convenientemente as equações diferenciais em equações algébricas simples e solucionáveis, que foram demonstradas no capítulo anterior.

Em conclusão, a transformação de Laplace é considerada um método eficiente e poderoso de análise e resolução de vários problemas em vários domínios.

Referências

Rahul M. Jetwani." Aplicações da transformação de Laplace no campo da engenharia", 2ª Conferência Nacional de Inovações Recentes em Ciência e Engenharia (NC-RISE 17) Volume: 5 Edição: 9, JRITCC | setembro de 2017.

Joel L. Schiff, "The LaplaceTransformTheory and Applications "Springer, New York, 1991. Ferramentas de desenho mecânico-https://ophysics.com/t2.html

http://www.maths.manchester.ac.uk/~kd/homepage/laplace.pdf.

https://coertvonk.com/math/lfz-transforms/laplace-transforms-14929

M. C. Anumaka, "Análise e aplicações das transformações de Laplace /Fourier em circuitos eléctricos" International Journal of Research and Reviews in Applied Sciences, Vol.12, No. 2, pg. 333 - 339, agosto de 2012.

Dr.J.Kaliga Rani, S.Devi "Laplace transforms and it "s Applications in Engineering Field International" Journal of Computer & Organization Trends -Vol. 19, No.1, pg. 60-64, abril de 2015.

V. D. Sharma, A. N. Rangari "Cálculo Operacional na Transformada Generalizada de Fourier-Laplace" Jornal Internacional de Pesquisa Matemática Científica e Inovadora, Vol. 2, Edição 11, , PP 862-867, novembro de 2014.

Ang, W.T. e Park, Y.S., Ordinary Differential Equations: Métodos e Aplicações, Universal Publishers, 2008.

Williams E. Boyce e Richard C. Diprima,Elementary Differential Equations andBoundary value Problems(7th Edition),John Wiley and Sons,Inc., 2001, Pages 1-23and 293-330

A. D. Poularikas, The Transforms and Applications Handbook (McGraw Hill, 2000), 2.ª ed., pp. 1-5

M.J.Roberts, Fundamentals of Signals and Systems (McGraw Hill, 2006), 2.ª edição.

K. Riess, American Journal of Physics 15, 45 (1947).

M. N. S. Charles K. Alexander, Fundamentals of Electric Circuits (McGraw Hill, 2006), 2ª ed. [5] H. Saadat, Power System Analysis (McGraw Hill, 2002),

- Teorema da convolução

f(t) * g(t) = F(s) G(s)

Prova-:

I want morebooks!

Buy your books fast and straightforward online - at one of world's fastest growing online book stores! Environmentally sound due to Print-on-Demand technologies.

Buy your books online at
www.morebooks.shop

Compre os seus livros mais rápido e diretamente na internet, em uma das livrarias on-line com o maior crescimento no mundo! Produção que protege o meio ambiente através das tecnologias de impressão sob demanda.

Compre os seus livros on-line em
www.morebooks.shop

Printed by Books on Demand GmbH, Norderstedt / Germany